U0289489

明式家具珍稀老料珠串

String beads from Ming-style furniture timber

王念祥 / 著
Wang Nianxiang

荣寶齋出版社 北京

珠串收藏是时下流行的文化现象，而用珍稀木料制作的珠串又是此类收藏的一大热门。本书中珠串制作的材料全部来自作者收藏的明代黄花梨书柜、黄花梨米柜、黄花梨火盆架及其他明式家具紫檀残料。在家具拆解过程中，作者还发现了诸多金丝楠木、铁力木等珍稀木材，令制作珠串的材料更为多样化。珠串的外观设计，除流行的念珠、腕串、手串外，在依循传统基础上尽可能地创新样式。

String beads made from rare timber have become a new focus in the antique collection. All the string beads showed in this album come from the rose wood bookcase, cabinet, brazier stand of the Ming Dynasty and other Ming-style furniture timber collected by the author. Unexpectedly, during the dismantling of those furniture, the author found other rare timber such as Jinsi nanmu and nagkassar, which diversified the material of the string beads.

序

沧海月明珠有泪

王念祥

珠，通常有二义：一指蚌中所结的小圆球，为贵重饰品；二指各类材料制成的圆粒，为佳美佩物。

李商隐《锦瑟》中的名句“沧海月明珠有泪”，所言的珠，即属蚌生之玲珑珍珠，比喻美好的事物来之不易。沧海之蚌，向月张开，夜夜滋养其珠，经历了几度月明月亏？饱含着多少悲辛孕育的清泪？无怪乎润丽绝好的珍珠充满着清婉冷艳之美。

至若人工制作之珠，如以琼玉、琉璃、玛瑙、珊瑚、珍木制成者，历代也十分受人宝爱。我特别钟情于瑰丽夺目的珍奇嘉木之珠，尤其是无与伦比的黄花梨木珠、紫檀木珠，珠之周遭所呈现的纹理、光泽、气韵，无不令人心往神驰。我以为，此类奇珠之典美程度，与李商隐笔下的“有泪”之珠实有异曲同工之妙。

一

许多人对京城兴起的珠串文化难以理解，如黄花梨珠串，玩家先要辨别海南黄花梨、越南黄花梨，而后审度木材自然形成的纹理变化选出上佳三品：一曰瘤子，二曰麻点，三曰眼睛。纹理奇异者，一串腕珠需费金数万甚或十几万方可购得。黄花梨珠串有何魔力竟如此勾魂耀目，价格不菲，成为玩家的掌中之宝？这要从材料的珍贵说起。世间万物离不开金木水火土，大自然赋予人类的宝物无外乎黄金、美玉和佳木。如果说紫檀是佳木中之帝王，那么黄花梨就是佳木中的皇后。紫檀木从深黑到紫红，有金属般的色泽和绸缎般的质感。它的材质坚硬，纹理缜密，适于雕刻。紫檀木纹理中有着细若游丝的精微，凝重沉穆的圆润，劲健浑厚的质地。黄花梨木则呈棕黄色或棕红色，华贵而富有耐性，具有不易开裂、不易变形、适宜雕刻等诸多优点。黄花梨木具备温润似玉的情调，行云流水的纹理。用紫檀、黄花梨制成的奇珠宛若剔透莹润的美玉，焕彩生辉。

紫檀、黄花梨珠串被人们喜爱，缘于其自身的美感。就其外形而言，圆是视觉美的最佳表现形态，又寓含心与心相连的空灵意向。从一颗珠子看见别颗

珠子，从别颗珠子看见自己，珠珠相印，心心互通。任何一颗珠子仿佛都能洞透你的内心，洗障涤蔽，玲珑剔透，洞见大千世界。

黄花梨、紫檀奇珠纹理之妙异，若山峦，若流水，若行云，若湖波，若鹰眼，若鬼脸，若蝌蚪，若蛾眉，千姿百态，美韵无穷。经年反复把玩盘揉，珠串表面形成莹润的包浆，倍觉可爱。生长年久的紫檀、黄花梨木有着沁人心脾的暗香，不经意中丝丝袭来，陶情其间，便真的好似飘然若仙了。

我收藏明式家具，是从二十世纪七十年代末开始的，至今已有四十余载。当时因居住环境的限制，没条件收藏大套家具，就自定明式家具雕件作为专项收藏，同时还有一个原则：坚持非紫檀、黄花梨珍贵木件不列入收藏范围。这是因为，紫檀、黄花梨明式家具是专属宫廷和贵族之家使用的珍品，且明式家具崇尚光素，其雕刻承传着明代最经典的细木工艺技法，因而，能遗存至今而流落民间的紫檀、黄花梨雕件实难一见。功夫不负有心人，经过二十余年的寻觅，终于集腋成裘，我的藏品竟达百余件，并于 2011 年出版了《明式家具雕刻艺术》。原想抛砖引玉，企望内容更丰富的明式家具雕刻书籍的问世。但十几年过去了，我的《明式家具雕刻艺术》却仍是硕果仅存的绝响。

在长年收藏历程中，我还得到了几件残破的黄花梨家具，其中有明早期黄花梨米柜，明早期黄花梨火盆架，明中期黄花梨书柜，明中期黄花梨脸盆架，明晚期黄花梨马鞍子等。几经搬家，总想将它们处理掉，但考虑到材料的珍贵，终难以割舍。

京城珠串收藏花样翻新，炙手可热。如今海南黄花梨已采伐殆尽，人们对存世极少的根料和未成材的新料都如获至宝。于是，我突发奇想：何不将我收藏的残破明式家具制成珠串，编纂成书，以飨同好？我的想法在朋友中一经传开，

一片哗然，众皆不解。诸友都认为我神经出了问题。我却不以为然，“一意孤行”。我之坚执己见，有三点理由：第一，如今能拿出几件传世明代黄花梨或紫檀家具的人没有几个，更不会有谁拿它做珠串。我若不做，就无法发现采伐于不同树龄、不同区域，使用了五六百年的家具材质的自然变化，以及在珠串上留下的不同色泽、质感和纹理的印记。第二，将使用了几百年的黄花梨家具做成珠串，完成一次明式家具珍稀木材的解剖实验（其结果在我同时出版的《明式木作珍玩》里另作详述），其学术意义是可以预见的。第三，将放置无用的残旧物件，化身为人见人爱的珍玩之宝，其中的得与失已不言而喻。

首先被我拆卸做珠串的，是明早期黄花梨火盆架。它低矮呈圆形，是冬季放置火盆的支撑具，四脚落地，外沿由几块大边拼接成圆形，中间镶一块独板，古朴敦实。当我将它加工成珠串时，散发出浓浓香味。我惊奇地发现，它的色彩与常见的棕黄色和棕红色不同，居然是鲜艳夺目的琥珀红。在几十年的收藏中，过眼的黄花梨家具何止百千？但从未见过此种神奇之色，它为重新认识黄花梨材质与色调提供了不可多得的依据。于是，我将它做成七件一套的珠串，每有闲暇，逐一把玩，甚是惬意。

我拆卸的第二件家具，是明早期黄花梨米柜。这种米柜就其造型和制作手法而言，一看便知属明早期的匠法，做工简朴率意，还没有进入到明中期苏作经典黄花梨家具的辉煌阶段。二十世纪八十年代，我有机会很便宜地买了三件黄花梨米柜，当时卖家没有认识到它是明早期黄花梨家具。谁也无法理解：古人怎么能用如此珍贵的木材制作存放粮食的米柜呢？而且镶板都是金丝楠木？事实上，我们应当思考：明代人能用这样的珍木制成米柜，说明了什么？唯一的解释就是，对当年的贵族来说，这种木材还不太稀缺。我们有理由相信，至少明早期，黄花梨树木在东南亚各国以及我国海南等地广泛生长，直到明中期，随着江浙富商大贾的财富累积，营造园林成风，经典家具的制作也就应运而生，黄花梨木便自然而然成为经典明式家具的首选用材。

黄花梨这个名称，不仅是植物学概念，更是富有文学性的用语。这种称谓始于何时，已无人知晓。而所谓海南黄花梨、越南黄花梨，则是近十余年来按地域划分的新称谓。其实，过去木作行把黄花梨统称为老花梨。我发现，剖解后的花梨木在组织结构上呈现两种特征：一种是优质老花梨，纹理变化无穷，木质细腻，密度高，表皮有一种绸缎般的光泽；另一种是普通花梨木，纹理变化不大，木质相对比较稀松，棕孔稍大，硬度较高。经典的黄花梨家具，一定是经过挑选的优质老花梨木材。

拆卸明代黄花梨米柜，给我带来了许多意想不到的惊喜，让我不期然而然地感受到早期黄花梨家具用材之奇特性，这恰恰对我制作珠串是个福音。第一个惊喜是发现了“紫油梨”，其材通体黑紫色，结满了油线，散发出奇异的木香。

我用它做成了两串念珠，可惜都不到一百零八颗。我还没有见过用紫油梨木制作的传世家具。从它细如发丝的油线叠压的组织结构，以及结香的成分来分析，它的树龄应达到万年以上。说穿了，世间根本没有什么紫油梨，它只是黄花梨木因老龄化而在材质上出现的不同形态。借此我们明白了：黄花梨因不同的树龄，在色调、组织结构上会出现不同的特征。

我的第二大惊喜，是在老米柜的镶板上发现了不同树龄的金丝楠木。从黄绿色、酱黄色，过渡到古铜色、紫黑色。每种树龄相差至少两千年，它见证了桢楠生长的四个年轮期，其中紫黑色的桢楠必是树龄万年的奇楠。在一件古家具上，能发现四种不同生长期的桢楠，这难道不是上天的赐予吗？幸运之神竟对我如此眷顾。

我拆卸的第三件家具是明中期黄花梨脸盆架，它是由六根立柱支撑的盆架，柱头精雕成籽粒饱满的莲蓬，因长期使用有沧桑之感。加工成珠串时，我被立柱的线条所吸引，它的外立面有两条凸起的直线，木作上称之为“一炷香”，线条洗练，彰显文雅情调。于是，我只做了一串念珠，其余均做成镇尺，置于案头，平添几分书卷气，也算是难得的书案文玩了。

最惊心动魄的，要数拆卸第四件家具：明中期黄花梨书柜了。这件书柜前脸曾被改过，已属残器，很难修复。通体用黄花梨制作，选材严格，制作考究，是明代黄花梨家具的上乘之作。用它制成的珠串，好似刚刚从油锅里捞出来，珠子表面不但有层层油线，而且还闪现着块块油斑，莹润似玉，光彩动人。其纹理则如行云流水，变化万千，通体传递出高贵典雅的气息，黄花梨材质之绚丽多姿，至此也算得叹为观止了。

时下流行的珠串样式，主要有腕串、手把件和念珠。形状以圆为主，也有算盘珠、桶珠等。男士腕串珠子直径为 1.4 厘米至 2.0 厘米，用珠 12 颗至 18 颗不等。女士腕串珠子直径以 1.0 厘米或 1.2 厘米为宜，也可取用 0.6 厘米或 0.8 厘米的念珠，环绕数圈戴于腕上，更添时尚趣味。

手把件珠子直径以 2.0 厘米至 3.0 厘米为宜。略小者为女士把玩，略大者为男士把玩，每串珠 12 颗至 14 颗为宜。

念珠珠子直径以 1.0 厘米至 1.4 厘米最佳，以 108 颗为准。但做成 64 颗或 81 颗把玩亦颇雅致。

珠串一般配有佛头、佛嘴。佛头可做得比珠子尺寸稍大些，佛嘴大小一定要与佛头相匹配，造型要古典端庄。或有珠串省去佛头、佛嘴的，以简洁素朴为特色，乃基于佩戴者喜好不同，因人而异也。

珠串制作过程中，除了按常见的圆形珠制作外，于外形还可创新，但不可太过追求时髦而标新立异，务必依循传统的样式创新。我尝试着做了几串桶珠，不太满意，后演化成橄榄形珠，直径为 0.6 厘米至 0.8 厘米，长度是直径的三倍，穿成珠串后，不仅造型典雅，而且能将珍木的质感与纹理充分展现出来。即使非常挑剔的女士也会被它征服，爱不释手。

二

机缘之巧，往往是不可思议的。

连我都没有想到，我的珠串制作与西藏结下了不解之缘。从我动念制作黄花梨、紫檀珠串至今，我有过两次西藏之行，而这两度游历为我的珠串创作增添了不可或缺的艺术元素。

西藏堪称是人间的天国，神奇的自然、历史、宗教、人文，提掖着你恍若离开了喧嚣的红尘，飘入了梦幻般的佛国世界。且不说那里有无数的神山圣湖，有延续了千百年的梵音，仅仅遥观妇女们身上佩戴的珠宝就会让你目不暇接。一位盛装的藏族女子，身上佩有数不清的珠宝，那是整个家族几代人一件件往上增添的传世宝藏。金黄的蜜蜡，血红的珊瑚，碧绿的松石，雪白的砗磲，晶莹的珍珠，艳润的南红，清丽的琉璃。西藏——一个被珍宝包裹的奇域，无数的珠玉宛若一颗颗璀璨的星星在万籁俱寂的佛国夜空中闪烁。

受此启发，为了增强珠串的形式美感，我想，如果将藏传宝珠作为黄花梨或紫檀珠串的配珠，一定会收到奇异的效果。于是我在西藏的旅游，成了淘珠觅宝之行。为了西藏淘珠，我还定下三个原则：必需淘真珠，淘古珠，淘可用之珠。我有四十年收藏古玩的经验，在西藏的旅程中派上了用场。

第一次赴藏，首先是翻越海拔 5230 米的米拉山，前往“藏域江南”林芝。此地最让人心旷神怡的，是游览雅鲁藏布江大峡谷，但我全然顾不上欣赏青山绿水、瀑泻云飞，一心放在淘珠上。我的疯狂举动，招来附近藏民的围观和推销。走出大峡谷，背包里已经塞满了珊瑚珠串和菩提念珠。回到酒店，仔细审视，方觉犯了贪多不精的毛病。好在里面有两串不错的珊瑚和一串极老的星月菩提，心中方得些许安慰。

回到拉萨后，前往西藏三大圣湖之一的纳木措湖，先得驱车翻越海拔 5190 米的那根拉山口。纳木措湖，是世界上海拔最高的淡水湖，位于念青唐古拉山脉西南脚下，有如镶嵌在藏北草原上的一颗洁美的翡翠。湖的尽头是皑皑连绵的大雪山，四望湖周，水天一色，碧空蓝湖浑然一体。湛蓝的湖水，散发着令人震撼的魅力。

汽车行驶到纳木措湖大门口停车休息时，我无意中发现一位藏族少妇胸前佩戴着由三颗珊瑚、两颗琉璃组成的项链，形状色调均不相同，古朴自然。我有心购买，走过去与她讨价，最后用 300 元购得。如此偶然淘到让人心仪的古珠，也算意外收获。

布达拉宫是世界上海拔最高的雄伟宫殿，耸立在拉萨市布达拉岩崖之上。最初是藏王松赞干布为迎娶大唐文成公主而建，后来成为历代喇嘛的冬宫居所，也是西藏政教合一的统治中心。这座肃穆庄严的雪域宫殿，就像是青藏高原上的一座灯塔，在拉萨和周边的任何角落，人们虔诚叩拜、合什礼敬的手掌永远朝向她。自五世纪达赖喇嘛起，一座座神秘而绚丽的黄金灵塔均矗立于此。

布达拉宫整体建筑主要由东部的白宫、中部的红宫及西部白色的僧舍组成。在灿烂阳光的照耀下，更显圣洁庄严。此宫是藏族文化的巨大宝库，宫内珍藏的各类历史文物和佛教宝物数量繁多。无数藏民步履匆匆地环绕着布达拉宫外围转经，口中喃喃地祷诵佛语。街边卖酥油、奶茶的小馆比比皆是，空气里散逸着酥油的香气。

著名的“转经道”上，沿途有几家藏传珠宝工艺品商店。我进去闲逛，不经意间发现两颗蓝色琉璃宝珠，晶莹剔透，色彩纯正，应是元代官员佩戴之物。依古代礼制，能佩戴琉璃饰物者，需是位居二品的命官。因而，蓝琉璃宝珠应是难得的藏传珠宝饰品，我欣然将其买下。

我第二次去西藏，则是带着唯一目的——淘珠。此行时间仓促，只限在拉萨淘宝。我住在离八角街不远的一处带有浓厚藏式建筑特色的宾馆里，房内家具及装饰与藏民居所完全相同，环境更显得幽奇神秘。

八角街内，有一座辉煌的吐蕃时期的佛寺——大昭寺。殿宇雄伟，庄园典丽，每日被朝拜和转经的信徒簇拥着。“大昭”藏语谓“觉康”，意指释迦牟尼；寺名又称“祖拉康”，意为经堂。故大昭寺的名称，是指有释迦牟尼像的佛堂。而寺内所供释迦牟尼像，便是唐代文成公主从长安带来的“释迦牟尼 12 岁等身镀金像”，在佛教世界具有至高无上的地位。

这座土木结构的寺庙，主殿三层，殿顶覆盖着西藏独具一格的金顶，在阳光下浮光耀金，异彩焕辉。寺前终日香火缭绕，千百年来信徒们虔诚叩拜过的门前青石地板上，留下了等身长的深深印痕。万盏酥油灯长明，记录着朝圣者永不止息的行迹。

环着大昭寺慢行，转经路四周布满了藏传珠宝店，大昭寺前面的街巷也聚集着鳞次栉比的店铺。店内主要经营藏传珠宝、银器和各类工艺品。珠宝中有蜜蜡、南红、珊瑚、绿松石等，也掺和着不少赝品。要想淘到有价值的老珠子，必须具备辨别真假的能力，要独具慧眼，沧海拾珠。

我浏览着一间间珠宝店，细致观察每个角落，生怕错过寻找宝物的机会。这次淘宝，收获很大，不仅购得了两颗极品老蜜蜡，一颗为鸡油黄，一颗是血珀红，状若鹅卵，色似彩霞，可爱至极，美不胜收。同时，还收到了成双成对的瓜果形珊瑚、琉璃等，以及许多唐宋时期的玛瑙、玉髓、南红、天珠等十分难得的老珠。幸运之神伴随着我，顺利完成了西藏淘珠旅程。

我将淘到的藏珠，作为配珠，精心地嵌在紫檀、黄花梨珠串上。珍稀木珠高贵的质感与纹理，配以藏传宝珠的古朴神秘，真可谓珠辉玉丽，相得益彰，它永远定格在了集成本书的幻彩流光的珠串里。

除了本书所呈现的珠串外，我所创制的其他作品均送给了亲朋好友。这一群体，不仅有画家、艺术家、文化学者，也有名媛、收藏家、珠宝设计师等。他们无一不为世所稀有的珍木黄花梨、紫檀之珠所征服，爱不释手。人们对美好事物的钟爱，竟达到如此的一致！我想，得到是一种快乐，赠予何尝不是更大的快乐呢？当高贵淑雅的女士，佩戴着由我亲手制作的珠串，玉立婀娜，慢步摇曳，以其独特的品位而大放异彩，我的满心喜悦，岂不远远超越了赠予本身？

人生最大的幸福是什么？不是权力和财富，而是让自己生活在享受美的氛围中。在拥有美的每一天、每一分、每一秒，不同的美都有不同的精彩，不同的人都有不同的感悟。珠之美，正如斯。不然，哪有李商隐的“月明珠有泪”？哪有我西藏淘珠的壮游？哪有我与诸同道“抚珠喜欲狂”的感受？

我期盼，所有朋友包括我在内，对生活永远充满不知疲倦的好奇与向往。在人生有限的时间和空间里，自由地创造、实践，热爱大自然，热爱古文化，热爱人间的美好事物，正如本书所呈示的珍木珠串，把我们本性中固有的爱美之趣尚，推向人生的极致。这无疑是我编纂此书的首要宗旨。

二〇一四年八月

于京郊空山斋

图版

PLATES

黄花梨手把件

直径3.0厘米

紫檀念珠

直径1.2厘米

黄花梨手把件

直径3.0厘米

紫檀　玛瑙珠

直径0.8厘米

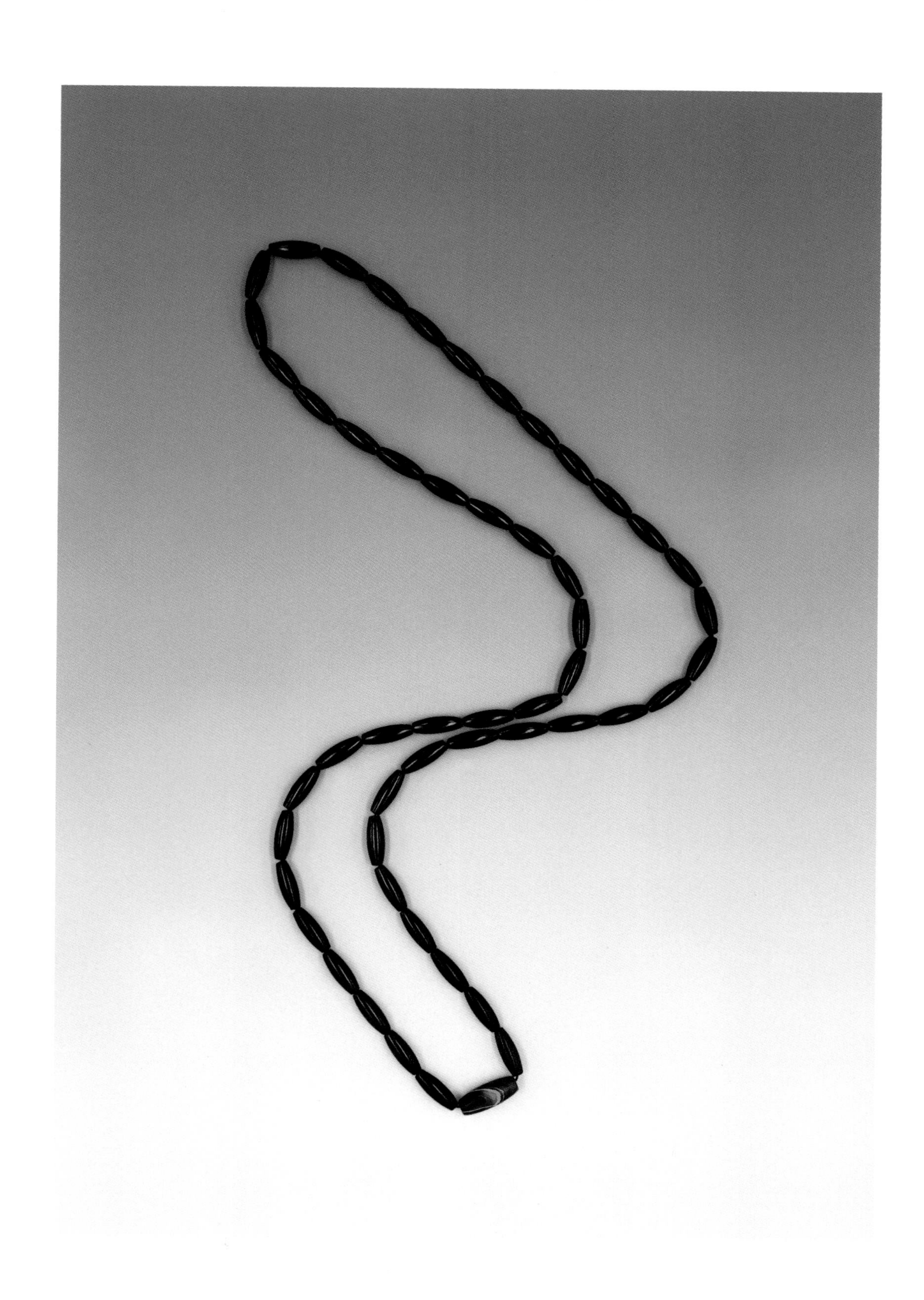

黄花梨念珠

直径1.4厘米

紫檀　玉髓手把件

直径3.0厘米

黄花梨　玉髓　南红手把件

直径2.7厘米

金丝楠　玛瑙念珠

直径1.2厘米

黄花梨 玛瑙珠串

直径0.8厘米

黄花梨　象牙　南红　玛瑙手把件

直径3.0厘米

黄花梨念珠

直径1.3厘米

岩柏手把件　腕串

直径2.0厘米

紫檀手把件

直径2.0厘米

紫檀　金丝楠　玉髓珠串

直径0.8厘米

黄花梨念珠

直径1.4厘米

紫檀　南红手把件

直径2.7厘米

黄花梨　玛瑙手把件

直径1.8厘米

黄花梨念珠

直径1.4厘米

黄花梨　金丝楠珠串

直径0.6厘米

黄花梨　青玉　玛瑙手把件

直径3.0厘米

金丝楠念珠

直径1.0厘米

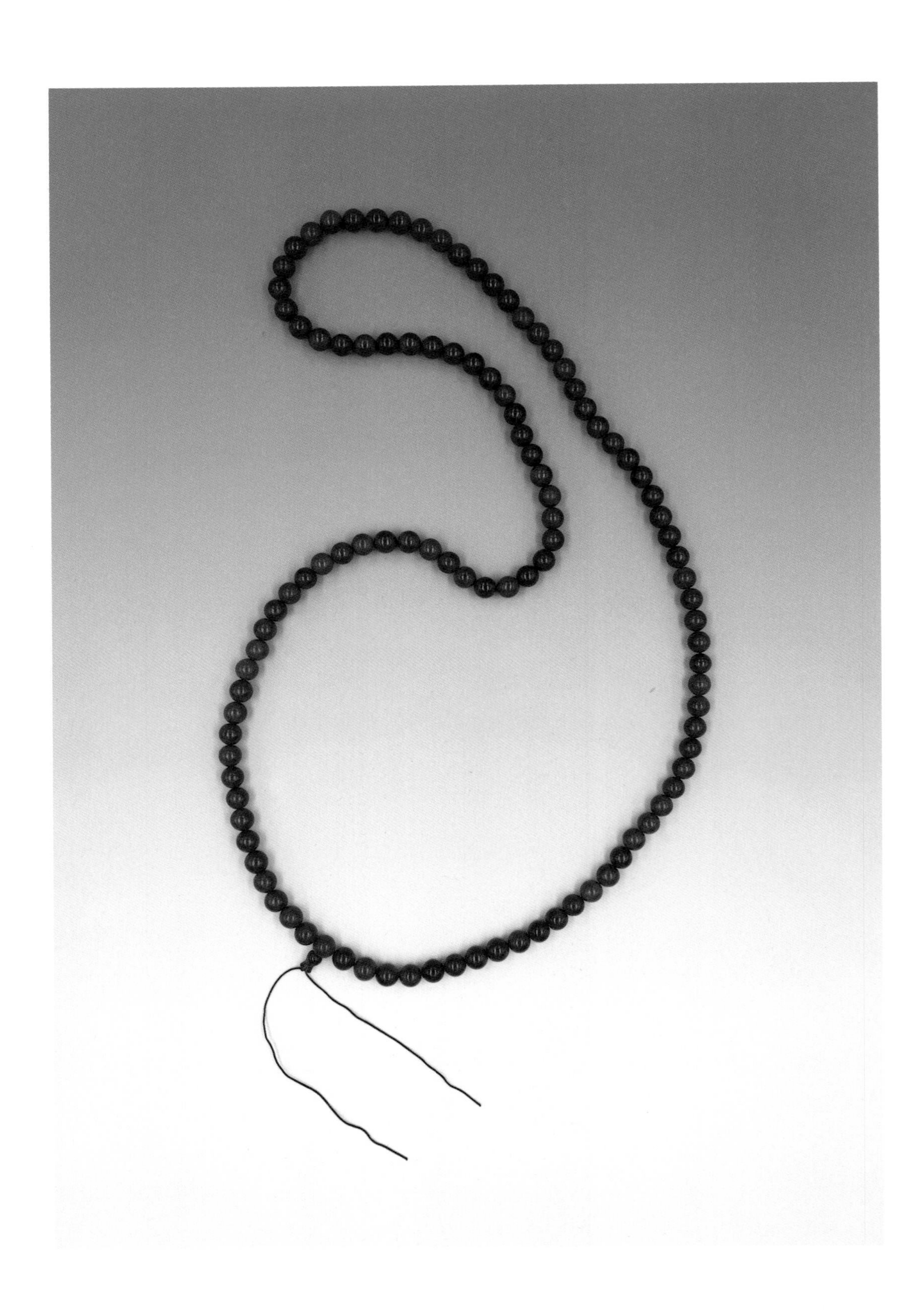

黄花梨手把件

直径2.5厘米

紫檀　白玉腕串

直径2.0厘米

黄花梨手把件　紫檀念珠

直径2.5厘米　直径1.0厘米

黄花梨　玛瑙珠串

直径0.6厘米

黄花梨手把件

直径2.5厘米

黄花梨　玛瑙珠串

直径0.8厘米

紫檀　象牙　南红手把件

直径3.0厘米

黄花梨　玛瑙手把件

直径2.0厘米

金丝楠　玛瑙念珠

直径1.0厘米

黄花梨　青玉腕串

直径2.0厘米

黄花梨　南红　玛瑙　珊瑚念珠

直径1.4厘米

黄花梨腕串

直径2.0厘米

紫檀　象牙　玛瑙念珠

直径0.8厘米

黄花梨　南红珠串

直径0.8厘米

黄花梨手把件

直径3.0厘米

黄花梨　青玉腕串

直径1.4厘米

黄花梨　玛瑙念珠

直径1.4厘米

黄花梨 玛瑙手把件

直径1.6厘米

金丝楠念珠

直径1.0厘米

黄花梨　金丝楠　老玛瑙珠串

直径0.6厘米

紫檀　蜜蜡手把件

直径3.0厘米

黄花梨　玛瑙手把件

直径1.4厘米

黄花梨　天珠　玛瑙念珠

直径1.2厘米

黄花梨　南红珠串

直径0.6厘米

铁梨　象牙手把件

直径2.8厘米

黄花梨　琉璃腕串

直径1.0厘米

黄花梨念珠

直径1.4厘米

黄花梨　玛瑙珠串

直径0.6厘米

黄花梨手把件

直径2.5厘米

黄花梨念珠

直径1.2厘米

铁梨　玛瑙手把件

直径2.5厘米

金丝楠　琉璃手把件

直径2.0厘米

紫檀念珠

直径1.0厘米

黄花梨 玛瑙腕串

直径1.8厘米

黄花梨念珠

直径1.2厘米

岩柏　玛瑙腕串

直径2.0厘米

黄花梨　天珠

直径0.8厘米

黄花梨念珠

直径1.2厘米

金丝楠　玛瑙手把件

直径3.0厘米

黄花梨腕串

直径1.4厘米

金丝楠念珠

直径1.2厘米

黄花梨念珠

直径1.4厘米

岩柏手把件

直径2.0厘米

黄花梨　玛瑙手把件

直径1.8厘米

黄花梨　玛瑙珠串

直径0.8厘米

黄花梨　玛瑙手把件

直径2.6厘米

黄花梨念珠

直径1.2厘米

黄花梨念珠

直径0.9厘米

黄花梨　玛瑙手把件

直径1.4厘米

黄花梨　玛瑙手把件

直径1.4厘米

紫檀　玛瑙念珠

直径0.7厘米

黄花梨　珊瑚腕串

直径1.0厘米

黄花梨　玉带钩　珠串

直径1.0厘米

黄花梨念珠

直径1.4厘米

金丝楠　南红珠串

直径0.6厘米

黄花梨　玛瑙腕串

直径2.0厘米

金丝楠　玛瑙珠串

直径0.5厘米

金丝楠　琉璃腕串

直径1.0厘米

黄花梨　玛瑙珠串

直径0.6厘米

黄花梨　琉璃腕串

直径1.0厘米

金丝楠　玉猴　珠串

直径1.0厘米

黄花梨念珠

直径0.6厘米

黄花梨　南红珠串

直径0.6厘米

黄花梨念珠

直径0.8厘米

金丝楠珠串

直径1.0厘米

金丝楠念珠

直径0.5厘米

黄花梨　金丝楠珠串

直径1.0厘米

图书在版编目（CIP）数据

明式家具珍稀老料珠串/王念祥著．—北京：荣宝斋出版社，2016.3

ISBN 978-7-5003-1865-1

Ⅰ.①明…　Ⅱ.①王…　Ⅲ.①手工艺品－制作　Ⅳ.①TS973.5

中国版本图书馆CIP数据核字(2015)第264629号

出 品 人：马五一
策　　划：马五一　唐　辉
责任编辑：王　勇　刘　芳
装帧设计：胡白珂　王　勇
摄　　影：田君英
责任校对：王桂荷
责任印制：孙　行　毕景滨　王丽清

MING SHI JIA JU ZHEN XI LAO LIAO ZHU CHUAN
明式家具珍稀老料珠串

编辑出版发行：荣寶齋出版社
地　　址：北京市西城区琉璃厂西街19号
邮政编码：100052
制版印刷：北京荣宝燕泰印务有限公司
开　　本：889毫米×1194毫米　1/16
印　　张：6.5
版　　次：2016年3月第1版
印　　次：2016年3月第1次印刷
印　　数：0001－1000
定　　价：118.00元